小牛顿
植物生存高手

小牛顿科学教育公司编辑团队 编著

极限篇

U0346686

扫描二维码回复【小牛顿】

即可观看独家科普视频

北京时代华文书局

目 录
contents

关于这套书

　　大自然奇妙而神秘，且处处充满危机，野生动植物为了存活，发展出种种独特的生存技巧。捕猎、用毒、模仿，角力、筑巢和变性，变形根、变形刺，寄生与附生的生长方式。这些生存妙招令人惊奇，而动植物们之间的生存竞争也十分精彩。

　　《小牛顿生存高手》系列为孩子搜罗出藏身在大自然中各式各样的生存高手。此书不仅可以让孩子认识动物行为、动物生理和植物生态的知识，更启发孩子尊重自然，爱护生命的情操。

水多水少生存高手

▶ 本单元含视频

干热寒冷生存高手

▶ 本单元含视频

特殊环境生存高手

水多水少生存高手

　　植物需要水分才能存活，在水太少的环境中，植物会因为缺水而枯死；不过在水太多的环境，植物也不一定能够存活，因为泡在大量的水中，会因为无法吸收到空气中的氧气，而缺氧淹死。不过，在众多植物之中，有一些植物的耐受力特别好，可以忍受水少或是水多的环境，它们还发展出了独特的构造，让它们能够安然生存在这些一般植物不容易生存的环境中。

扫描二维码回复【小牛顿】

即可观看独家科普视频

根

青萍是浮萍的一种，生活在静止或是缓慢流动的水面上。青萍没有茎，整株植物长得就像是一片叶子，里面有气室，让它们可以漂浮在水面上，它们的气孔就不会沉入水中而无法呼吸。青萍的根只有一条，根可以吸收水分、养分，还可以帮忙维持平衡，如果青萍不小心翻转，根可以帮助它快速翻转回来，让气孔持续朝上。

膨大叶柄

气室

膨大叶柄

须根

凤眼莲又有水风信子之称，是原产于南美洲亚马孙河流域的植物，但现在世界各地也都能看见它的踪迹。凤眼莲在水面下长了很多须根，可以吸附水中的杂质甚至脏污，有净化水质的功能。

凤眼莲 带着游泳圈的漂浮高手

　　凤眼莲生长在池塘里，这里不缺水，反而要担心水太多了该怎么办？凤眼莲有着又大又厚的叶片，还有像葫芦般膨大的叶柄，叶柄里有气室，里面可以储存大量空气，凤眼莲就像带着充满气的游泳圈，漂在水面上，保护叶子和花不被水淹没，而且叶子表面还有蜡质，可以防水。凤眼莲的根则呈现短须状，只负责吸收水分及养分，并没有固定植株的功能。凤眼莲的繁殖力很强，在合适的条件下，2周就可以繁殖一倍的数量，很快就能霸占一大片的水面。

凤眼莲会向侧边长出走茎，快速繁殖出新的植株。一株凤眼莲，一年就可以增加到350万株，很快就能将水面掩盖，导致池塘里的生物无法得到阳光和氧气。

地下茎

香蒲在水底的地下茎及根，里面有海绵般的空腔，叶子吸收氧气后，氧气会进入这些空腔中，让香蒲沉在水中的部分也能呼吸。

香蒲 挺立水中的水蜡烛

　　香蒲生长在池塘、溪流等水多的环境中，但香蒲并不漂浮在水面上生长，而是直挺挺地站立在水中。香蒲匍匐在水底泥土中的地下茎里，有特化的气室，这些气室可以储存空气，让香蒲就算是泡在水里，也能得到足够的空气呼吸，不用怕会被淹死。而香蒲上半部的茎，质地坚韧且挺直，可以达到 2 米高，因此叶子不怕受到水的影响。香蒲的花长得像蜡烛，是许多小花密集聚在一起形成的花穗，也因为离水面很远，不怕被水淹。果实成熟时，可以散布出约 35 万颗带有绒毛的种子，随风飘散到远处。

雄花

雌花

香蒲因为它的圆柱状花序造型类似蜡烛，所以又有水蜡烛之称。香蒲的种子带有白色的绒毛，方便随风传播。

聚藻又叫穗状狐尾藻，因为长得像狐狸尾巴而得名。聚藻原产于欧洲、亚洲和北非等地，现在在北美洲也可发现。聚藻的生长力很强，茎可长到2米长，密集生长会影响水中生物的生存。聚藻开花时，花茎会伸出水面开花。

花

聚藻·金鱼藻 深沉水中的忍者

　　聚藻的名字里虽然有"藻"字，但它其实不是藻类，而是水生植物，也会开花。聚藻全身都泡在水里，叶子形状像羽毛，围绕着茎生长。因为完全生活在水中，聚藻的氧气来源并不是空气，而是水，所以叶的表面没有防水的角质层，方便让水中的氧气直接扩散进入叶片中。聚藻的根会固着在池底，以免植株被水流冲走。

　　金鱼藻与聚藻一样，也是生活在池塘里的水生植物，它的叶子演变成细细的针状叶，叶片能直接吸收水和养分，所以金鱼藻没有根，但是有由叶特化而来的根状叶，用于固着。金鱼藻和聚藻的茎都很柔软，可以随着水流伸展或弯曲，并接受各个角度的阳光，以便吸收阳光制造养分。

大片的叶片在水中，容易受水流冲击而破裂，因此金鱼藻的叶演变成细小的针状，茎也相当柔软，可以承受强大水流。

大部分的苔藓植物都长不高，一方面是因为它们没有茎能支撑重量，无法直立生长，只能像地毯般往横向生长，另一方面，匍匐生长可以让它们更容易吸收地面上的水分。像地钱这种苔藓植物，外表是扁平的叶状体，植株很薄，身体的表面积大，所以吸水能力很好。

地钱

苔藓耐旱力十足的小植物

　　苔藓植物是一群很特别的植物，它们没有真正的根茎叶，也不会开花，是一群体形微小的植物，大部分不超过1厘米高，喜欢生长在潮湿的小角落或石头边。苔藓植物可以直接从空气中吸取水分，而且苔藓植物很矮小，只需要一点点的水就可以生存。虽然苔藓植物必须要有水，才能够存活，不过它们的耐旱力也非常强，当遇到干旱时，它们会全身脱水，看起来像已经因缺水而死亡，不过其实它们只是在休眠，一旦环境中又出现水，就可以瞬间吸水复活，再度呈现绿油油的样貌。

苔藓植物可以生长在土壤贫瘠的地方，几乎只要有水就能生长，例如潮湿的石头及树干表面，常可看到苔藓植物。

蕨类透过孢子来传播。肾蕨的叶背有排列整齐的孢子囊群，外面还有一层孢膜保护着，因为孢膜的形状像是肾脏的形状，所以被称为肾蕨。

孢子囊群

肾蕨的地下块茎呈球形，又有"铁鸡蛋"之称，用于储存水分。

块茎

火山爆发后，熔岩流过之处，肾蕨也能生存。肾蕨不需要很肥沃的土壤，通常只要有些水分，就可以生长。

肾蕨 圆形块茎储水度干旱

肾蕨是一种蕨类，它可以生长在许多地方，甚至在没什么养分及水的地方，也能生长。在火山爆发后，流出的熔岩冷却后形成的地面，或是一片光秃秃，什么都没有的荒地上，率先开始生长的植物之一，就是肾蕨。肾蕨的构造很简单，地上以叶片为主，地下则有匍匐茎在地底到处拓展领地。当环境中的水减少时，肾蕨也有耐旱策略，可以度过干旱危机。肾蕨有圆球状的块茎，平常就会储存水分及淀粉，干旱来临时，就能作为水分及养分的暂时来源。而且干旱时，肾蕨的羽状叶片还会自动脱落，只剩下叶轴，以减少水分的散失，将水分保留在体内。

13

狗尾草原产于欧洲、北非和亚洲，后来传播到北美。狗尾草叶片扁平、细长。狗尾草的叶片光合作用效率高，并且可以节省用水，因此可以耐高温、干旱。

狗尾草 荒地上的省水专家

　　光合作用是植物的能量来源，光合作用需要阳光、二氧化碳及水分，所以水是植物重要的资源之一。狗尾草喜爱生长在阳光充足的温暖地区，即使在马路边、荒地里等没什么水又炎热的地方，也都可以看到它，是很常见的杂草之一。狗尾草能够生长在水不多的环境中，是因为狗尾草有着特殊的光合作用机制，能够提高光合作用的效率，和一般的植物相比，可以节省约 1/3 的水，因此狗尾草不用太多的水，也能生长得很旺盛，快速扩张族群的生存空间。

狗尾草开花时，小花排列紧密，形成圆锥状的花穗，外面还有粗糙的刚毛保护着，因为长得很像摇曳着的狗尾巴，所以被称为狗尾草。小花凋谢后，约可产生 300 ~ 500 颗种子。

马鞍藤的叶子长得像马鞍，表面有很厚的角质，防止水分散失。马鞍藤的根系很深，虽然海边沙土的表面几乎没什么水，但根可以深入土层探寻水源，吸收深层的水及营养。

马鞍藤 根深入沙地吸水

　　马鞍藤生长在海边的沙地上，沙地没有办法留住水分，就算下雨，雨水也一下子就流失掉。而且海边的阳光强烈，同时还有海风持续吹拂，水分蒸发快速。马鞍藤在这里生长，就必须想办法取得足够水分，并保留体内的水分。马鞍藤取得充足水分的方式，就是长出非常长的根，长根可以深入沙土的深层，吸收位于地底深处的水源。马鞍藤的叶片则有厚厚的角质，气孔也很少，能够减少水分的蒸散。马鞍藤靠着深根吸水、减少蒸散，成功地在缺水的沙地上生长。

马鞍藤的茎很长，匍匐地面生长，压低身体，避免遭受海风吹袭。茎上的每一节都可以发根，根能抓住沙地稳固植株，马鞍藤因此成为沙地上的优势物种，蔓延占领沙地。

花

叶

滨刺麦生长在海滨沙地，它们经常是一大丛聚集在一起生长，它们的茎有时会被掩盖在沙地里，地下茎及根则埋藏在土里。滨刺麦的叶、花及果实特化成尖刺状，细长的叶片和花表面积较小，能减少水分蒸散，也能防止动物的啃咬。

滨刺麦 叶花果变尖刺省水

　　滨刺麦生长在缺水、阳光强的海边沙地上，外表就如它的名字般充满着尖刺。这些尖刺其实是滨刺麦的叶子，滨刺麦的叶子演变成又尖又长，质地厚且坚硬，不仅不怕曝晒在强烈的阳光下，叶子表面还有蜡质，像涂了薄薄的白粉，可以减少水分的散失。滨刺麦的花和果实也特化成棘刺状，同样是为了减少水分的流失。滨刺麦尖刺状的果实成熟后，会从花梗的关节处脱落，随风四处滚动，就算被沙子掩埋，也可以向上钻出发芽，延续下一代。

滨刺麦的果实成熟后会脱落，因为重量轻加上圆球造型，很容易在沙地上滚动，就能带着种子到远处。

胡杨很耐旱，也耐风沙，它能够长到 10 米以上，是唯一可以生长在沙漠地区的高大树木。它有些叶子是针状的，可以减少水分的散失。但胡杨生长还是需要水，因此胡杨会沿着沙漠地底下的水流生长。

干热寒冷生存高手

　　北极或是高山地区，气温都非常低，冬天时气温会降到零摄氏度以下，还会下雪；而荒漠地区，白天不仅有强烈的阳光曝晒，有些荒漠温度甚至能飙升到 50 摄氏度以上，而且几乎不下雨，气候又干又热。这些地方生存条件不佳，大部分植物都无法在此生长，不过有一群植物，适应了当地恶劣的气候环境，它们究竟是利用什么样的生存策略，成功成为少数能够在极端气候中生长的植物呢？

扫描二维码回复【小牛顿】

即可观看独家科普视频

仙人掌的针状叶,除了减少水分的蒸散,还能够保护自己,不被植食性动物啃咬吞食。

仙人掌叶子变针减少水分散失

　　植物体内的水分会从叶子蒸散出去,不过仙人掌生存的地区非常干热,而且水分得来不易,为了要在干燥的环境中留住水分,仙人掌的叶演变成细长的针状叶,减少与空气的接触面积,避免过多水分从叶片中蒸散出去,以留住更多水分。仙人掌还会将水储存在它膨大的肉质茎中,所以仙人掌的茎大部分都很粗,茎的表皮还有一层厚厚的蜡质,在强烈的阳光下曝晒也不怕水会流失。由于仙人掌的叶子变成针状后,就失去了光合作用的功能,制造养分的工作,就交给含有叶绿素的茎来负责。

仙人掌会开花，当环境适合时，就会绽放出漂亮的花朵，吸引动物来授粉，繁殖下一代。

沙漠玫瑰 根茎储水度干旱

沙漠玫瑰生长在撒哈拉沙漠南部，以及阿拉伯等地区。它生长的地方，气候又干又热。沙漠玫瑰为了在如此干热的地方生长，演变出了奇特的长相，它靠近基部的茎特别肥大，根也膨大，叶子则聚集在植物的最顶端，这些膨大的根与茎，是它们储存水分的地方。沙漠玫瑰的叶子也变得比较细小，表面光滑，可以减少水分散失，也不怕太阳晒。

沙漠玫瑰的花朵颜色鲜艳，是由昆虫来帮忙授粉。

25

百岁兰 巨型叶吸收水分

百岁兰生长在纳米比沙漠，这里的雨量非常少，有可能一年都不下雨，是极度干旱的地方。百岁兰能够生长在如此干旱的地方，是靠着它奇特的叶，以及深入地底的根。百岁兰一生只会长出两片巨大的叶，叶片宽可达1米，长可达好几米，巨大的叶片容易因外力破坏而被撕裂，所以它们的叶总是被撕成一条一条，摊放在沙地上。叶表面为革质，可以避免被强烈的阳光晒伤。百岁兰的叶可以吸收空气中所剩不多的水汽，并且利用它的根，深入到沙地深处，吸收底下流过的地下水，为了吸水，它的根长得非常长，最长可以长到10米。

与叶相比之下，百岁兰的茎非常短。百岁兰的叶围绕在植株外围，可以保护重要的根部。百岁兰的寿命很长，平均寿命有好几百岁。

百岁兰的两片叶片，会渐渐碎裂成许多条，围绕在茎的四周。

生石花休眠度干旱

　　生石花生长在非洲南部，十分耐旱，可以生长在雨量非常少的荒漠地区。生石花是体型很小的植物，长得也很奇特，它只有两片非常厚的肉质叶，没有茎，肉质叶中储存了许多水分。荒漠中平常就很少下雨，有时还会出现特别长的干旱期，这时生石花的叶子会缩小，整株植物都躲在土壤中休眠，以度过最艰困的时期，等到环境适宜时，再重新生长。生石花叶子的颜色，与石头很像，而且在叶的表面，还有一些斑点，可以与周遭环境的砾石融为一体，避免被动物发现，而被吃掉。

新叶

旧叶

冬天时，生石花的新叶会在旧叶内生长，到了春天，旧叶会展开露出新叶，旧叶则逐渐干枯。

生石花的花会从两片叶中间的裂缝处长出，大部分都是在秋天开花。

紫色虎耳草 快速开花繁殖后代

　　紫色虎耳草生长在北极地带。北极十分寒冷，而且时常刮起阵阵强风，冬天时，大地还会被雪覆盖。强风会加快植物水分的散失，还会带来风沙，伤害植物，寒冷的冰雪也会伤害植物。紫色虎尾草的植株长得非常矮小，只有 3 ~ 5 厘米左右，贴近地面生长，而且生长得很密集。紫色虎耳草利用娇小的身形，不仅可以减少水分的散失，还能避开风沙以及冰雪对它的伤害。紫色虎耳草的花也很小，直径只有 1 厘米，花苞在冬天下雪前就已经长出，埋在冰雪中，度过冬天，只要春天一到，开始融雪，就能够马上开花，在短暂的夏天里，快速繁殖出下一代。

北极一年中适合植物生长的时间非常短，为了把握时间，紫色虎耳草会在融雪后马上开花，开花后的 2 个月内，就能发育出成熟的种子。

紫色虎耳草通常会长在斜坡上，而且喜欢钙含量比较高的土壤。

31

北极罂粟 跟着太阳转动

北极罂粟也是生活在北极的植物，它们的植株同样比较低矮，能够减少强风与低温对它的伤害。北极罂粟最特别的是它的花，它的花会跟着太阳转动。每年春夏季，北极的太阳不会下山，24小时都挂在天空上，北极罂粟为了能让花朵保持温暖，花朵会一路跟着太阳转动，让阳光可以直晒花朵，而且花朵呈现碗状，能把阳光的热集中在花的中心。北极罂粟让花朵维持较高的温度，是为了吸引帮忙传粉的昆虫前来，而且温暖的环境，也比较适合种子的发育。

东亚仙女木 冬天休眠的叶子

　　东亚仙女木是蔷薇科植物，耐寒冷，可以生长在海拔 2000 米以上的高山上。高山环境较为干燥，也常有强风，因此东亚仙女木的植株较为矮小，贴着地面生长，经常长成一大片，它的叶背还有绒毛，可以减少水分的散失。东亚仙女木的叶子会随着季节变换颜色，秋天时，叶子会变得比较红，冬天时，则会转成黑色，不过叶子并没有死掉，等到春天时，就会恢复成原来的绿色，又能继续进行光合作用，制造养分了。

东亚仙女木的叶子到了秋天会转成红色，能越冬，到了明年春天又能再恢复成绿色。

东亚仙女木会在春天开花，并结果，种子有许多绒毛，靠着风传播。

高山火绒草生长在高海拔地区，可以生长在超过海拔3000米的高山上。

高山火绒草 浓密细绒毛保护

　　高山火绒草生长在海拔2000米以上的高山地区，高山地区又冷又干，而且还有强烈的紫外线。高山火绒草植株只有8～15厘米高，植株很小，不容易受到强风的伤害，可以在风大的高山上生长，整株植物的表面还长满了细绒毛，而且连开出来的花朵上也有，花朵上的细绒毛是整株植物上最密集的，远远看起来就像是覆盖着一层薄薄的雪，这些细绒毛就是高山火绒草能够在高地生长的秘诀。细绒毛不仅可以防止过多的水分散失，同时还能帮高山火绒草挡住有害紫外线，让高山火绒草能安稳地在高山上生长。

高山火绒草是菊科植物，它有许多小花，聚集在花朵的正中心，而周围像花瓣的部分，并不是花瓣，而是叶子特化的苞片，让许多的小花远看就像一朵大花，可以吸引昆虫靠近。

花

苞片

特殊环境生存高手

　　植物对于环境的耐受度很强，不论气温高低、缺水多水等环境，都难不倒植物。而植物中还有一群最顶尖的生存高手，它们生存的环境，可能随时遭受强风的吹袭，或是着根生长的土地中，盐分含量超高，甚至还有植物，可以在遭受高度污染的土地上生长，这些植物靠着各种独门绝技，成功地在这些特殊极端环境中存活下来。

林投生长在靠海的地区，海边时常刮着强风，而且刮来的风中带有大量盐分。而林投的叶子表面光滑，可以避免盐分累积在叶子上。它也有着发达的支持根，可以稳固植株，不怕被强风吹倒，所以可以长得比较高大。

木麻黄因为能抗风，再加上还有抗旱、抗贫瘠的能力，在世界各地被广泛种植，尤其在靠海的地区，常被当作防风林，帮忙拦下阵阵来袭的强风和风沙。

木麻黄 防风一把罩

　　木麻黄原生于澳大利亚的干燥地区，树高可达 20 米，它深绿色的细长枝条，常被人们误认为是叶子，而常把它们当成像松树一样的针叶树。木麻黄长相奇特是因为它的原生地风大，这些细长又浓密的枝条，能让风从枝条缝隙间吹过，枝条因此不易被强风吹断，又能有效减缓风的速度。而木麻黄的叶子为了在强风，以及干旱的环境中，减少水分散失，因此变得又细又小，紧贴在枝条的节间上生长，外形犹如小小的鳞片。木麻黄独特的枝条构造，让它们可以不畏强风，在艰困环境中茁壮成长。

叶

木麻黄的小枝条呈灰绿色，上面有一个一个的节，节的四周长着鳞片般的小叶。因为叶子退化，所以木麻黄绿色的枝条代替叶子，进行光合作用，合成所需养分。

41

高山柏分布在喜马拉雅山东部，四川、湖北、陕西以及台湾的高山上，树高可达 35 米以上，经常可以见到它耸立在岩石裸露的高山上。高山柏会依着风吹来的方向弯曲生长，若在比较少风的地方生长，就能挺直生长，不弯曲。

高山柏 断枝继续长

　　高山地区气候寒冷，剧烈陡升的地势，使得风速度快又强劲，能够吹断树木的枝干，甚至连根拔起，而且高山土壤层薄，大树要在这里扎根生长，真的是非常困难！不过，高山柏却能在高山上生长得很好，面对强风，它利用会"转弯"的树干，以及细小的叶子接受挑战。高山柏的树干并不是挺直生长，而是弯曲生长，是因为当有强风把主干吹断时，高山柏能快速修补主干伤口，同时让侧枝继续生长，因此出现了奇特的树形变化；高山柏细如针状的叶子，能让风快速通过，不怕被强风吹破，在冬天也不容易积冰雪压垮自己，同时还能减少水分的散失。

> 高山柏还有一项本领，要是养分和水分都不足以让它长成大树，高山柏也能长成"迷你版"，以小灌木的模样盘踞山头。

高山柏

43

秋茄树叶面为油亮的革质，茎干的下方会长出很多支持根。根能过滤掉水中大部分的盐分，但它仍会吸收少量的盐，储存到叶子里，一旦盐分太多，就会让叶子脱落，排掉盐分。

秋茄树 海水淹没也不怕

　　在热带地区的河口处、海岸边，可以见到一棵棵的秋茄树泡在海水里，它们的树干为红褐色，经常跟一群和它们类似的植物，形成一整片的红树林。在海岸边生活，不仅常会泡在海水中，海水中过多的盐分，也会伤害植物。为了适应严峻的环境，秋茄树长出了许多"支持根"，像踩高跷般站在泥滩地上，不怕被海水淹没或被海浪冲走，而且它们的根就像过滤器，能把海水中大部分的盐分过滤掉，只让少部分的盐分进入，并且储存在叶子里；等到盐分累积太多了，叶子也变老了，此时再让叶子掉落，就不用担心过多的盐分造成伤害。

秋茄树生活在河口处，每天都有涨潮退潮，秋茄树的根常常会泡在咸咸的海水里。

冰叶日中花可以生长在海边的岩石或沙地上，叶片厚实、茎粗又肥短，全身表面长满囊状细胞，像一颗颗的小水珠，在阳光照射下就像冰晶一般，所以又被称为冰草。囊状细胞中储存的盐分越多，就会长得越大。

冰叶日中花 盐水袋求生

　　冰叶日中花是一种奇特的植物，它生长在非洲纳米比沙漠中，当地的沙地中含有许多盐分。盐分高的土壤，一般植物根本无法生长，然而冰叶日中花却长得很好，这是因为它的身上布满了看起来很像是小水珠的囊状细胞，这些囊状细胞就是它在高盐环境中生存的绝招。冰叶日中花的茎、叶子，甚至是花苞上，都布满了这些囊状细胞，囊状细胞就像盐水袋一样，能够将过多的盐分集中储存起来，避免盐分造成植物其他部位损伤，此外，囊状细胞还能够储存水分，让冰叶日中花能在干旱的沙漠中安然生存下来。

碱蓬分布在河海交接的河口沼泽。碱蓬类植物对于盐类的耐受性很高，会将吸收的盐累积在体内。当体内盐分很多时，便会呈现出美丽的红色。

碱蓬 耐盐功夫一级棒

　　一些内陆地区气候干燥，封闭的湖泊在阳光照射之下，水分蒸发很快，而盐分则不断累积，所以湖水变得很咸，岸边几乎没有植物能够生长，但碱蓬类植物却特别喜欢生活在这里。碱蓬的身材肥短矮小，粗粗的茎和短胖的叶里面，有着大量的水分，这就是它能在高盐地区生长的秘诀。碱蓬的茎和叶子的细胞都特别大，里面存放了许多水分，当根部吸收盐分进入体内时，这些盐分会被运输到这些细胞内储存起来，因为细胞中有大量水分，可以稀释盐分，因此就不用担心受到盐分的危害了。

天蓝遏蓝菜是一种多年生的草本植物，春末开花，一个花梗上会开出许多小花，远看像一颗花球。

天蓝遏蓝菜会将有害的重金属挡在根外。这些重金属聚集在根部四周，形成小小的颗粒，却不会被吸收到植物体内。

天蓝遏蓝菜 吸毒防咬

重金属物质会毒害植物，因此被重金属污染的土壤，一般植物都不能生存，不过天蓝遏蓝菜却能够在植物几乎全都枯萎的土地生长，而且还活得很好，花朵盛开。当天蓝遏蓝菜在重金属含量高的土壤中生长时，根部会长出很多细毛，把有害的重金属物质拦下来，形成颗粒结晶，不吸收到体内。但它会吸收对它危害不严重的锌，存放在叶子和种子内，用来对付吃它的蜗牛和毛毛虫，减少被啃食的次数，同时也能预防病菌感染。像天蓝遏蓝菜这样能够改变生理机制，适应恶劣的受污染环境，并将重金属存放在体内用作其他用途的植物，称为"重金属植物"。

狼尾草适应能力极强，在一般的郊外边坡、耕地或路旁，都能发现它们的踪迹。虽然一株狼尾草吸收的重金属不多，但植株数量多，吸收的总量很大。

狼尾草的花是由许多没有花瓣的小花，紧密排在一起而形成的，每朵小花的上方有毛，看起来很像狼的尾巴，因而取名为狼尾草。

狼尾草 耐力惊人的植物

　　狼尾草看起来跟芒草很像，它的再生能力强，长得又快又多。狼尾草的地下茎会四处蔓延，让它们能快速繁殖，在短时间内，狼尾草就可以蔓延成一大片。狼尾草不容易被害虫啃食，也少有疾病发生。狼尾草还具有很强的耐力，不仅耐旱，还耐重金属，在被镍、铜、铬等重金属污染的环境中，也能生长。它们生长在地底下浓密的根系，会吸附土壤中的重金属，累积在体内。此外，狼尾草对于有毒气体也有很强的耐受性，因此在排放废气的工厂四周，仍旧可以看到它们坚忍不拔的身影。

狼尾草的生长速度很快，在崩塌的山壁，或是被大火焚烧后的荒地上，其他植物都还没长出来，狼尾草就已经开始蓬勃生长。

向日葵从土壤中吸收的铜、镍，主要累积于种子内；镉、钒和锌则主要累积于叶片中；铅则是全株都有，但以根部累积的最多；辐射物质则会储存在茎与叶上。